Serie JELU-RUEMAR

Propuestas para optimizar la enseñanza y
el aprendizaje de la matemática.

I0480838

$$\frac{a}{b}$$

Tomo nº 11:

Fracciones. Decimales y números romanos

POR: Scarlet C. Rueda M

2020

Presentación

En este tomo se ofrece a los lectores un resumen de la teoría de fracciones, números decimales y el sistema de numeración romano, resumiendo los aspectos básicos y necesarios para el aprendizaje de los niños en nivel de primaria o estudiantes que requieren del conocimiento inicial sobre estos temas.

Por lo que también es útil para la preparación de las clases de los maestros y/o docentes que van a desarrollar estos temas, dado que el enfoque les permite diferenciar en forma comparativa los diferentes aspectos que aquí se mencionan.

Se sugiere practicar el estudio resolviendo los ejercicios propuestos con los textos y guías sugeridas por los docentes que administren el curso al que asiste.

La autora

CONTENIDO

$$\frac{a}{b} \qquad \frac{a}{b}$$

LAS FRACCIONES

$$\frac{a}{b}$$

Denominadores

Numeradores

$$\frac{a}{b}$$

Descripción

Una fracción es un número formado por dos números, separados por una línea horizontal, de manera que queda uno arriba y el otro debajo de la línea. Así:

$$\frac{a}{b}$$

donde:

a es denominado numerador y b denominador.

La línea se llama línea de fracción.

Nota: El denominador de una fracción nunca puede ser igual a cero.

Son ejemplos de fracciones:

a) $\dfrac{5}{15}$;

b) $\dfrac{33}{7}$;

c) $\dfrac{14}{10}$;

d) $\dfrac{0}{21}$;

e) $\dfrac{44}{44}$;

f) $\dfrac{3}{5}$;

g) $\dfrac{24}{8}$

Representación

1)

Una manzana
(Una unidad)

Picada en 16 partes iguales
(Total de partes iguales en que se dividió la unidad, denominador)

a) Si te comes 5 pedacitos de los 16 en que se picó la manzana se representaría así:

$$\frac{5}{16}$$ Lo que indica: " Me comí 5 partes de las 16"

b) Si te comes 12 pedacitos de los 16 en que se picó la manzana se representaría así:

$$\frac{12}{16}$$

Lo que indica:

"Me comí 12 partes de las 16"

2)

Una barra de chocolate (Una unidad) Seccionada en 36 partes

a) Si repartes 15 secciones de las 36 en que esta seccionada la barra de chocolate se representaría así:

$$\frac{15}{36}$$

Lo que indica:
"Repartí 15 partes"

b) Si repartes 7 secciones de las 36 en que esta seccionada la barra de chocolate se representaría así:

$$\frac{7}{36}$$

Lo que indica:
"Repartí 7 partes de las 36"

3)

Una unidad de pan dividida en dos partes iguales

a) Si regalas 1 pedazo de los 2 en que se dividió el pan se representaría así: $\frac{1}{2}$

Lo que indica:

" Regalé 1 parte de las 2", esto es la mitad de la unidad.

b) Si regalas los 2 pedazo de los 2 en que se dividió el pan se representaría así: $\dfrac{2}{2}$

Lo que indica:" Regale 2 partes de las 2", esto es la unidad completa

Partes de la fracción

<u>Denominador</u>: Indica el número total de partes en que se divide la unidad. Está ubicado debajo de la línea de la fracción

$\dfrac{5}{13}$; El denominador es 13;

$$\frac{13}{5}$$; El denominador es 5;

$$\frac{17}{51}$$; El denominador es 51;

$$\frac{37}{2}$$; El denominador es 2;

$$\frac{555}{132}$$; El denominador es 132.

<u>Numerador</u>: Indica las partes consideradas del total. Está

ubicado encima de la línea de fracción

$$\frac{5}{13}$$; El numerador es 5;

$$\frac{13}{5}$$; El numerador es 13;

$$\frac{17}{51}$$; El numerador es 17;

$$\frac{37}{2}$$; El numerador es 37;

$$\frac{555}{132}$$; El numerador es 555.

Lectura de las fracciones

Para nombrar las fracciones, primero mencionamos el numerador, diciendo el nombre del número que allí se encuentra y le agregamos una terminación según el denominador;

medio para 2,

tercio para 3,

cuarto para 4,

quinto para 5,

sexto para seis,

séptimo para 7,

octavo para 8,

noveno para 9,

decimo para diez,

para los demás se menciona el número del numerador, luego el del denominador acompañado del termino avo. Así:

$$\frac{1}{2}$$ se lee un medio;

$$\frac{1}{3}$$ se lee un tercio;

$$\frac{1}{4}$$ se lee un cuarto

$$\frac{1}{5}$$ se lee un quinto;

$\frac{1}{6}$ se lee un sexto;

$\frac{1}{7}$ se lee un séptimo

$\frac{1}{8}$ se lee un octavo;

$\frac{1}{9}$ se lee un noveno;

$\frac{1}{10}$ se lee un decimo

$\frac{1}{11}$ se lee un once avo;

$\dfrac{1}{25}$ se lee un veinticinco avos;

$\dfrac{3}{42}$ se lee tres cuarenta y dos avos;

$\dfrac{10}{52}$ se lee diez cincuenta y dos avos.

$\dfrac{5}{2}$ se lee cinco medios

$\dfrac{5}{3}$ se lee cinco tercios

$\dfrac{5}{4}$ se lee cinco cuartos

$\frac{5}{5}$ se lee cinco quintos

$\frac{5}{6}$ se lee cinco sextos

$\frac{5}{7}$ se lee cinco séptimos

$\frac{5}{8}$ se lee cinco octavos

$\frac{5}{9}$ se lee cinco novenos

$\frac{5}{10}$ se lee cinco decimos

$\frac{5}{23}$ se lee cinco

veintitrés avos

$$\frac{111}{2}$$ se lee ciento once medios

$$\frac{111}{3}$$ se lee ciento once tercios

$$\frac{111}{4}$$ se lee ciento once cuartos

$$\frac{111}{5}$$ se lee ciento once quintos

$$\frac{111}{6}$$ se lee ciento once sextos

$$\frac{111}{7}$$ se lee ciento once séptimos

$$\frac{111}{8}$$ se lee ciento once octavos

$$\frac{111}{9}$$ se lee ciento once novenos

$$\frac{111}{10}$$ se lee ciento once decimos

$$\frac{111}{23}$$ se lee ciento once veintitrés avos

$$\frac{45}{2}$$ se lee cuarenta y cinco medios

$$\frac{45}{3}$$ se lee cuarenta y cinco tercios

$$\frac{45}{4}$$ se lee cuarenta y cinco cuartos

$$\frac{45}{5}$$ se lee cuarenta y cinco quintos

$$\frac{45}{6}$$ se lee cuarenta y cinco sextos

$$\frac{45}{7}$$ se lee cuarenta y cinco séptimos

$$\frac{45}{8}$$ se lee cuarenta y cinco octavos

$$\frac{45}{9}$$ se lee cuarenta y cinco novenos

$$\frac{45}{10}$$ se lee cuarenta y cinco decimos

$$\frac{45}{23}$$ se lee cuarenta y cinco veintitrés avos

Casos

Hay varios casos según el numerador y el denominador; podemos mencionar:

a) El denominador es mayor que el numerador, en este caso la fracción se denomina **fracción propia**.

b) El denominador es menor que el numerador; en este caso la fracción recibe el nombre de **fracción impropia**

c) El denominador es una potencia de diez, o sea la unidad seguida de ceros, en este caso la fracción de denomina **fracción decimal**

d) El numerador es igual a cero; la fracción se llama **fracción nula.** Siempre es igual al cero

e) El numerador y el denominador son iguales; en este caso la fracción se llama **fracción unidad**; siempre es igual al uno

f) El numerador y el denominador tienen como único divisor común al uno, esta es una fracción llamada **fracción irreducible.**

g) El denominador es divisor del numerador, en este caso la

fracción se llama **fracción aparente.**

Ejemplos

1) Las fracciones:

$$\frac{25}{50}, \frac{41}{72}, \frac{3}{9}, \frac{14}{42}, \frac{9}{81}, \frac{2}{22}$$

son fracciones propias porque el denominador es mayor que el numerador

2) Las fracciones:

$$\frac{50}{7}, \frac{41}{2}, \frac{13}{9}, \frac{104}{42}, \frac{999}{81},$$

$$\frac{32}{22}$$

Son impropias porque el denominador es menor que el numerador.

3) Las fracciones:

$$\frac{34}{2}, \frac{48}{12}, \frac{36}{9}, \frac{126}{42}, \frac{162}{81},$$

$$\frac{12}{4}$$

Son aparentes porque el denominador es divisor del numerador

4) Las fracciones

$$\frac{7}{7}, \frac{41}{41}, \frac{31}{31}, \frac{14}{14}, \frac{81}{81},$$

$$\frac{2}{2}$$

Son fracciones unidad porque el denominador es igual al denominador.

5) Las fracciones:

$$\frac{47}{100}, \frac{41}{10}, \frac{39}{1.000}, \frac{14}{10},$$

$$\frac{9}{100}, \frac{2}{10}$$

Son decimales porque el denominador es la unidad seguida de ceros.

6) Las fracciones:

$$\frac{4}{7}, \frac{5}{2}, \frac{1}{3}, \frac{11}{5}, \frac{4}{9}, \frac{1}{11}$$

Son irreducibles porque el único divisor común que

existe entre el numerador y denominador de cada una es la unidad (1).

7) Las fracciones:

$$\frac{0}{7}, \frac{0}{72}, \frac{0}{9}, \frac{0}{42}, \frac{0}{81},$$

$$\frac{0}{22}$$

Son nulas porque el numerador de cada una es cero. (0)

Notas

1) Una fracción propia también puede ser: nula, irreducible, decimal.

2) Una fracción nula siempre es propia porque el numerador siempre es cero, que es menor que todos los demás números naturales.

3) Una fracción impropia puede ser: aparente, irreducible, decimal.

4) Una fracción aparente puede ser impropia o unidad, porque el denominador debe ser divisor del numerador.

5) fracción puede ser propia e impropia a la vez.

6) Las fracciones irreducibles y las decimales pueden ser propias ó impropias.

Mencionar ejemplos de cada caso.

Una fracción particular: La fracción mixta

Descripción: Es una combinación de un numero entero y una fracción; presenta

la forma $n\dfrac{a}{b}$; donde

n es el número entero

$$\frac{a}{b}$$ es la fracción de numerador a y denominador b.

Se lee mencionando primero al entero y luego la fracción.

Se le conoce también como número mixto.

Ejemplos:

$3\frac{2}{5}$ donde 3 es el entero

Y $\frac{2}{5}$ la fracción .

Se lee tres enteros dos quintos.

$2\frac{7}{9}$ donde 2 es el entero y

Y $\dfrac{7}{9}$ es la fracción.

Se lee dos enteros siete novenos.

$4\dfrac{3}{8}$ donde 4 es el entero y

Y $\dfrac{3}{8}$ es la fracción.

 Se lee cuatro enteros tres octavos.

$1\dfrac{11}{15}$ donde 1 es el entero y

$y\ \dfrac{11}{15}$ es la fracción.

Se lee un entero once quince avos.

Representación gráfica.

a) Una fracción impropia

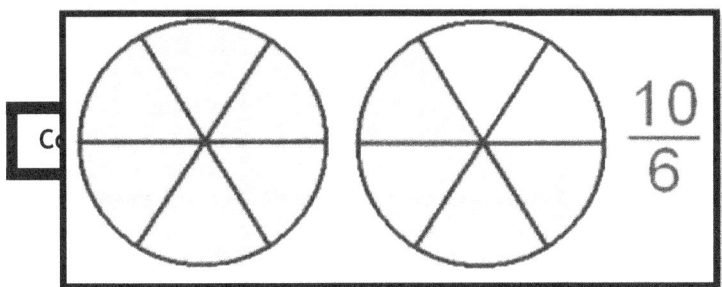

$$\frac{10}{6}$$

También representa la mixta

$$1\frac{4}{6}$$

b) Una fracción mixta

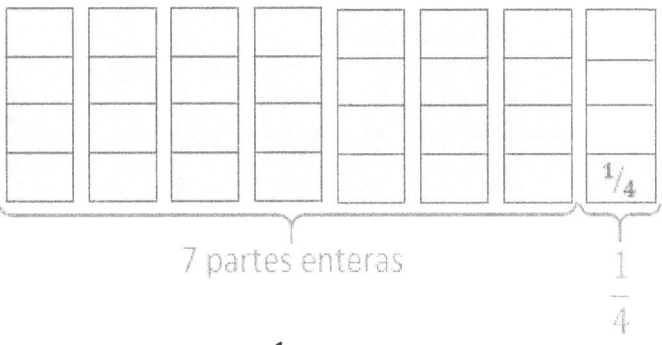

7 partes enteras

$$\frac{1}{4}$$

$$1\frac{1}{4}$$

También representa la impropia

$$\frac{29}{32}$$

Hay fracciones que se puede expresar como un numero entero	Dividir el numerador entre el numerador	$\dfrac{16}{4}$ al dividir 16 entre 4 da 4 que es un numero entero
Hay fracciones que se puede convertir en un número decimal	Dividir el numerador entre el numerador	$\dfrac{15}{4}$ al dividir 15 entre 4 da 3,75 que es un numero decimal
Todas las fracciones mixtas se pueden convertir en impropias	El denominador es el mismo de la fracción original. El numerador es el resultado de: Multiplicar la parte entera por el denominador y el producto obtenido sumarlo al numerador.	$$4\dfrac{2}{5} = \dfrac{5X4 + 2}{5}$$ $$= \dfrac{22}{5}$$
Toda fracción impropia se puede convertir en una fracción mixta	El denominador es el mismo de la fracción original. El numerador es el residuo que se obtiene al dividir el numerador entre el denominador. El entero es el cociente de la misma división	$\dfrac{24}{7} = \dfrac{3}{7}$ 24:7=3 y quedan 3 24=7x +3. Esto es: Dividendo es igual a divisor por cociente mas residuo

Conversiones entre fracciones, números decimales, números enteros, números mixtos.

Tipos de fracciones según la relación entre ellas.

Al comparar 2 o más fracciones se puede observar:

a) Que sus numeradores y denominadores sean iguales entre sí, es decir numerador de una fracción igual al numerador de la otra y de igual manera sus denominadores sean iguales. En este caso se dice que las fracciones son **iguales**. Por ejemplo, las fracciones

a) $\dfrac{4}{7} = \dfrac{4}{7}$, b) $\dfrac{3}{9} = \dfrac{3}{9}$, c) $\dfrac{19}{81} = \dfrac{19}{81}$

b) Que solo los denominadores de ellas sean iguales; entonces se dice

que las fracciones son
homogéneas. Por ejemplo:

$$\frac{14}{7} y \frac{41}{7} \; son\; homogeneas$$

$$\frac{3}{42} y \frac{14}{42} son\; homogeneas\;;$$

$$\frac{9}{81} y \frac{2}{81}$$ son homogéneas

c) Que los denominadores sean
diferentes, entonces son
heterogéneas. Por ejemplo

$$\frac{4}{7} y \frac{41}{72},$$

$$\frac{3}{9} y \frac{14}{42},$$

$$\frac{9}{81} y \frac{2}{22}$$

d) Que los numeradores y
denominadores sean productos o
cocientes generados por un mismo
número, entonces son fracciones
equivalentes; por ejemplo:

$$\frac{4}{7} \text{ es equivalente a } \frac{16}{28},$$

$$\frac{3}{9} \sim \frac{1}{3},$$

$$\frac{9}{81} \sim \frac{27}{243}$$

Fracciones equivalentes

Se pueden obtener por dos formas

A) Simplificación:
   Dividiendo al numerador y al denominador por un divisor común.
   Ejemplo:

Una fracción equivalente por simplificación a $\dfrac{10}{20}$ es $\dfrac{2}{4}$

La cual se obtuvo al dividir numerador y denominador entre 5. Esto es

$$\frac{10}{20} = \frac{10:5}{20:5} = \frac{2}{4}$$

B) Amplificación:
Se obtiene al multiplicar el numerador y el denominador por el mismo factor. Por ejemplo

Una fracción equivalente, por amplificación a $\dfrac{3}{5}$ es $\dfrac{18}{30}$;

La que se obtuvo al multiplicar el numerador y el denominador por 6. Esto es:

$$\frac{3}{5} = \frac{3 \times 6}{5 \times 6} = \frac{18}{30}$$

Conversión de fracciones heterogéneas a fracciones homogéneas.

En ocasiones, por ejemplo, para adicionar o sustraer, (sumar o restar); es necesario, por la definición de las operaciones, que todas las fracciones sumandos o minuendo y sustraendo sean homogéneas. Por lo que debemos conocer cómo hacer la conversión de un par o más de fracciones heterogéneas en homogéneas. Al realizar la conversión de un par o más fracciones heterogéneas a homogéneas se obtendrá una nueva fracción cuyo denominador es el mínimo común múltiplo entre los denominadores de las fracciones heterogéneas y su denominador será el resultado de dividir el mínimo común denominador obtenido entre el denominador de la primera fracción y el cociente obtenido multiplicado por el numerador respectivo. Esto se repite para cada fracción dada.

Por ejemplo:

Sean las fracciones heterogéneas $\dfrac{3}{5}$ y $\dfrac{2}{7}$. Vamos a realizar su conversión de manera que sean homogéneas

1)Obtenemos el m.c.m entre los denominadores 5 y 7; que es 35 porque son números primos. Es decir: m.c.m(5,7) =35. Este será el denominador de las fracciones homogéneas

2)(35:5) x3=21 y (35:7) x2=10; 21 y 10 los numeradores

Las fracciones homogéneas son:

$\dfrac{21}{35}$ y $\dfrac{10}{35}$

a,b

a,b

NÚMEROS DECIMALES

Parte entera.

Parte decimal.

FRACCIÓN DECIMAL

$$\mathbf{a,b} = \frac{ab}{10}$$

$$a,bc = \frac{abc}{100}$$

¿Qué son los números decimales?

Son los que presentan la forma a, b donde

a se llama parte entera y

b parte decimal.

Por ejemplo

0,3 que se lee tres decimas

21,55 que se lee veintiún enteros cincuenta y cinco centésimas

7,621   que se lee siete enteros seiscientas veintiuna milésimas.

Valor de posición

Lo anterior indica que, así como en la parte entera cada símbolo numérico adquiere un valor según la posición que ocupa, los de la parte decimal también.

Parte entera	Parte decimal
Unidades	Décimas
Decenas	Centésimas
Centenas	Milésimas

Fracción decimal de un número decimal

Todo numero decimal se puede escribir como una fracción decimal

¿Qué es una fracción decimal?

Es un símbolo numérico que presenta la forma $\dfrac{a}{b}$ donde a; el numerador; es el numero completo sin comas

b; el denominador; es la unidad seguida de tantos ceros como dígitos tenga la parte decimal. Por ejemplo:

El decimal 3,5 tiene por fracción

$$\text{decimal } \frac{35}{10}$$

La unidad seguida de ceros.

La unidad seguida de ceros se genera al multiplicar al número 10 consigo mismo, una cantidad finita de veces

Por ejemplo

10x10 =100

10x10x10=1000

10x10x10x10=10.000

Nota: En el primer ejemplo el 10 se multiplica consigo mismo dos veces por tanto el resultado o producto es la unidad seguida de dos ceros.

Adición de números decimales.

Está definida de tal forma que se sumaran:

Parte decimal

Decimas con decimas

Centésimas con centésimas

Milésimas con milésimas, etc. Para obtener la parte decimal de la suma

Parte entera

Unidades con unidades

Decenas con decenas

Centenas con centenas, etc.

Para obtener la parte entera de la suma.
El procedimiento es el que ya conoces para la adición de números naturales.

Es importante el orden de colocación de los dígitos que forman la cifra, pues así la coma de los números decimales sumandos, quedara ubicada en una misma columna, en la cual ira la coma del numero decimal resultante o suma.

Ejemplos

1)
24,35 +
12,6
___
36,95

2)
0,351 +
10,002
___
10,353

3)
95,07 +
171,12
266,19

4)
0,001 +
0,1
0,101

5)

104,503 +
120,009
_____
224,512

6)

100,09 +
803,31
_____
903,40

7)

247,005 +
129,601
_____
376,606

Sustracción de números decimales.

Está definida de tal forma que se restaran:

Parte decimal

Decimas con decimas

Centésimas con centésimas

Milésimas con milésimas, etc., para obtener la parte decimal de la diferencia

Parte entera

Unidades con unidades

Decenas con decenas

Centenas con centenas, etc.

Para obtener la parte entera de la diferencia.

El procedimiento es el que ya conoces para la sustracción de números naturales.

Es importante el orden de colocación de los dígitos que forman la cifra, pues así la coma de los números decimales minuendo y sustraendo, quedara ubicada en una misma columna, en la cual ira la coma del numero decimal resultante o diferencia.

Ejemplos

1)
24,35 -
12,6
―――――
11,75

2)
10,002 -
0,351
―――――
9,651

3)
171,12 -
95,07
76,05

4)
0,100 -
0,001
0,099   47

5)
120,009 -
104,503
―――――――
15,506

6)
803,31 -
100,09
―――――――
703,22

7)
247,005 -
129,601
―――――――
117,404

Actividad de refuerzo

1) Completa la siguiente tabla

Número decimal	Parte entera			Parte decimal		
	C	D	U	d	c	m
0,035						
34,56						
185,389						
44,004						
66,621						
2,5						

2) Escriba como se lee cada uno de los números decimales dados en la tabla.

3) Escriba la fracción decimal asociada a cada número decimal dado en la tabla

4) Plantear y efectuar, con los números decimales, dados.

4.a) Tres adiciones

4.b) Tres sustracciones

5) Sigue practicando, resuelve las actividades de tu libro de matemáticas

I V X

NÚMEROS ROMANOS

L C D

Sistema de numeración que usa las letras: I, V, X, L, C, D, M; para representar valores.

M

Valores que tienen las letras mayúsculas usadas en el sistema de los números romanos.

Letra	Valor
I	1 (Uno)
V	5 (Cinco)
X	10 (Diez)
L	50 (Cincuenta)
C	100 (Cien)
D	500 (Quinientos)
M	1.000 (Mil)

Esas letras se combinan para generar los valores conocidos así:

LA LETRA I

➡ Se puede escribir una, dos o tres veces seguidas; generando los números:

I ... 1 (Uno)

II ... 2 (Dos)

III ... 3 (Tres)

➡ Se puede colocar delante de V o X una sola vez y el valor será una unidad menos. Así:

IV ... 4 (Cuatro);
porque V vale 5 y 5-1=4

IX ... 9 (Nueve)
porque X vale 10 y 10-1=9

➡ Se puede escribir después de cualquiera de las otras hasta 3 veces y se le sumaria una unidad. Así:

VI=6   ya que 5+1=6

VII=7   ya que 5+1+1=7

VIII=8   ya que 5+1+1+1=8

XI=11   ya que 10+1=11

XII=12   ya que 10+1+1=12

XIII=13   ya que 10+1+1+1=13

LI=51   ya que 50+1=51

LII=52   ya que 50+1+1=52

LIII=53   ya que 50+1+1+1=53

CI=101   ya que 100+1=101

CII=102   ya que 100+2=102

CIII=103   ya que 100+3=103

DI=501   ya que 500+1=501

DII=502   ya que 500+2=502

DIII=503   ya que 500+3=503

MI=1.001   ya que 1.000+1=1.001

MII=1.002   ya que 1.000+2=1.002

MIII=1.003   ya que 1.000+3=1.003

LA LETRA V

Se puede escribir una vez después de cualquiera de las otras de mayor valor y suma cinco unidades. Así:

XV=15   porque 10+5=15

LV=55   porque 10+5=55

CV=105   porque 100+5=105

DV=505   porque 500+5=505

MV=1.005 porque 1.000+5=1.005

LA LETRA X

➥ Se puede escribir hasta tres veces seguidas Así:

X=10   porque X vale 10

XX=20   porque 10+10=20

XXX=30   porque 10+10+10=30

➡️ Se puede colocar, una vez, antes de una L o una C y restaría 10 unidades. Así:

XL=40   porque 50-10=40

XC=90   porque 100-10=90

➡️ Se puede colocar, hasta tres veces, después de una letra de mayor valor y sumaria 10 unidades, cada vez que aparezca. Así:

LX=60   ya que 50+10=60

LXX=70   ya que 50+10+10=70

LXXX=80   ya que 50+30=80

CX=110   ya que 100+10=110

CXX=120   ya que 100+20=120

CXXX=130   ya que 100+30=130

DX=510   ya que 500+10=510

DXX=520   ya que 500+20=520

DXXX=530   ya que 500+30=530

MX=1.010   ya que 1.000+10=1.010

MXX=1.020   ya que 1.000+20=1.020

MXXX=1.030 ya que 1.000+30=1.030

LA LETRA L

Se puede escribir después de una D o una M y suma cincuenta unidades. Así:

L=50   L vale 50

DL=550   porque 500+50=550

ML=1.050 porque 1.000+50=1.050

LA LETRA C

➡ Se puede escribir una, dos o tres veces seguidas; generando los números:

C … 1 (Cien)

CC … 2 (Doscientos)

CCC … 3 (Trescientos)

➡ Se puede colocar delante de D o M una sola vez y el

valor será cien unidades
menos. Así:

CD ... 400 (Cuatrocientos);
porque D vale 500 y 500-100=400

CM ... 900 (Novecientos)
porque M vale 1.000 y   1.000-
100=900

➡ Se puede escribir después de
D o M hasta 3 veces y se le
sumaria una unidad. Así:

DC=600   ya que 500+100=600

DCC=700   ya que
500+100+100=700

DCCC=800ya que
500+100+100+100=800

MC=1.100   ya que
1.000+100=1100

MCC=1.200   ya que
1.000+100+100=1.200

MCCC=1.300   ya que
1.000+100+100+100=1.300

LA LETRA M

Cualquier otra que se coloque después de ella le agregara valor. Así:

M=50   M vale 1.000

MI=1.001   porque 1.000+1=1.001

MV=1.005 porque 1.000+5=1.005

MX=1.010 porque 1.000+10=1.010

ML=1.050 porque 1.000+50=1.050

MC=1.100 porque1.000+100=1.100

MD=1.500 porque1.000+500=1.500

De lo anterior se puede resumir que:

➡ I, X, y C son las que se pueden colocar, una vez, antes de las dos siguientes en valor; así:

I solo resta una unidad a V y a X

X solo resta diez unidades a L y a C

C solo resta cien unidades a D y a M

➡ I, X y C son las que se pueden escribir una, dos o tres veces seguidas, después de cualquier otra, de mayor valor. Así:

I sumara 1,2 o 3 unidades a V, X, L, C, D o M

X sumara 10,20 0 30 unidades a L, C, D o M

C sumara 100 unidades a D o M

V, L y D solo se pueden escribir una vez, después de las otras de mayor valor. Así:

V sumara 5 unidades a X, L, C, D o M

L sumara 50 unidades a C, D o M

D sumara 500 unidades a M

Ejemplos.

1) Escribir en el sistema Romano cada uno de los números dados en el sistema Decimal

1.a) 33 … XXXIII

1.b) 108 … CVIII

1.c) 526 … DXXVI

1.d) 793 … DCCXCIII

1.e)!.150 … MCL

2) Escribir cada número romano dado en su equivalente número arábigo.

2.a) MMXX … 2.020

2.b) XVIII … 18

2.c) MCMLXXVII … 1.977

2.d) LXVI … 66

2.e) DLXXXIV … 584

Semblanza de la autora

La profesora Scarlet C. Rueda M. es egresada, en la especialidad de Matemática, del Instituto Universitario Pedagógico Experimental "Rafael Alberto Escobar Lara" ubicado en la ciudad de Maracay. Estado Aragua. Venezuela.

Ha incursionado en la docencia desde el subsistema de pre escolar hasta educación superior, incluyendo educación especial. Actualmente en la educación virtual en la academia de aprendizaje asistido para la que ha elaborado variedad de cursos incluyendo un diplomado de enseñanza y aprendizaje de la matemática.

Ha publicado otras obras certificadas tales como:

- ✓ Álgebra lineal
- ✓ Física básica

- ✓ Manual práctico de planificación el aula proyecto pedagógico. Control administrativo.
- ✓ El aula: manual para el trabajo práctico del docente adaptado al nuevo currículo básico nacional. Entre otras.

Su más reciente creación es LA SERIE JELU RUEMAR, con un enfoque, que señala como una propuesta para optimizar el aprendizaje y la enseñanza, basada en la forma de redactar, organizar y presentar los contenidos.